第1册

有趣的数学

数学超有趣

的

老渔/著

SPM
南方传媒
新世纪出版社
·广州·

前言

你们肯定想不到，在我小学时的一次数学考试中，我竟然拿到了 103 分！这可不是吹牛，我确实考出了比 100 分还多 3 分的成绩。这是怎么回事呢？事情是这样的：那次考试与以往不同，增加了 20 分"奥数附加题"。当时我第一次听到"奥数"这个词，并不理解它的含义，只记得"奥数附加题"很难，却很有趣，特别有挑战性。当我把全部附加题解答出来的时候，那种成就感，简直比玩一天游戏、吃一顿大餐还要快乐！

可以说我对数学和其他理科的兴趣，就是从解答奥数题开始的。越走近奥数，越能训练数学思维，这使我在面对小学数学，乃至初高中理科时更有信心。毕竟，大部分理科题，都有数学思维在起作用。

可是在我们那个年代，想要学好奥数并不容易，必须整天捧着一本满页文字和数学符号的课本。因此，大多数同学从一开始就被奥数的表象吓到了。如果有一套简单的奥数书，让大家都能感受到奥数的趣味，从此爱上数学，训练出出色的数学思维，那该多好啊！这套漫画书就是承载着我童年的小小愿望，飞跃了三十多年的时光出现在你们面前的。

真是遗憾，当年如果有这套书，估计全校至少一半的同学都能拿到那 20 分吧！希望小读者们能在我儿时梦想的书籍中，收获奥数的逻辑、数学的思维与求知的快乐！

老渔

2023 年 8 月

目录

太爷爷的生日宴

·数与数字·

太爷爷，生日快乐！我和悠悠送您一个飞盘。

您可以和太奶奶一起玩哟。

这个什么飞船，飞起来我们能追上吗？

忘了您跑不动了……

是飞盘，不是飞船……

把那个蛋糕端出来吧，还有鞋盒里的蜡烛也拿出来插上。

蜡烛全都要插上？

对对！蜡烛不用全插上！

知道了，全插上，全插上……

到底要不要全插上？

你把咱家的蜡烛全插上了啊？

不是你让我全插上吗？

太爷爷，您怎么有这么多数字蜡烛啊？

蛋糕店的蜡烛买五赠一，社区里也每年都送。这几年把90岁到105岁的蜡烛都攒出来了。

90岁到105岁，那得多少个蜡烛啊？

一个蜡烛是一个数字，从90岁到99岁是10个两位数，一共有2×10=20（个）蜡烛；

从100岁到105岁是6个三位数，一共有3×6=18（个）蜡烛。加起来就是38个蜡烛！

过了一会儿

这得吹到什么时候啊……

还要边吹边吼啊？好好好！

$2 × (99-90+1)+3 × (105-100+1)=38$

数与数字

概念

- 只有**10个**。
- 分别是0、1、2、3、4、5、6、7、8、9。
- 用来组成数。

数字 ←→ **数**

- 有**无数**个。
- 由数字组成。
- 可以由**1个**数字组成，也可以由**多个**数字组成。

数中每一个数字所占的位置。

举例： 个位、十位、百位……

数位 ←→ **位数**

自然数中含有数位的数目。

举例： 一位数、两位数、三位数……

奶奶的菜谱

哇，糖果盒子！

原来是奶奶的菜谱呀。

唉，不是糖果。

胖老太菜谱

樱桃烧猪脚、荸荠一品锅、什锦葛仙米、铁锅炖大鹅……

怪不得爸爸那么胖，从小就吃好吃的。不像我们，天天吃大饼夹一切。

哥哥你看，菜谱的页码不是连着的，少了好多张纸呢！

哪里少了好多张纸，就少了两张嘛！

你忘了，一张纸上有两个页码，一面是奇数，另一面是偶数。

页码 1 的背面是 2，
页码 5 的背面是 6，
页码 9 的背面是 10，
页码 4 的背面是 3，
页码 12 的背面是 11，
页码 16 的背面是 15。

对哦，其实只少了 7、8、13、14 这四个数，所以少的是两张纸。

那两张纸会不会被我们弄丢了？

翻找

麦小乐的数学试卷

48

千万别告诉老妈！我再去别的地方找找。

搞笑面具

爸爸的臭袜子

1 小时后

菜谱没找到，倒是发现了这些……

48

2 个月前丢失

1 个月前丢失

1 个星期前丢失

……就是这样，那两张菜谱不见了。

那两张菜谱啊，在很久以前就丢了。至于怎么丢的嘛……得去问爷爷。

我记得，你们老爸小时候拿两张纸折飞机，最后扔到了猪圈里……

咦，这上面怎么有水渍？

这是哥哥的口水。

奶奶菜谱里的菜都无比美味，我照着菜谱给你们做几道解解馋吧。

万岁！我要吃宫保鸡丁、草莓甜甜面包、什锦丸子！

我要吃樱桃烧猪脚、干烧大黄鱼、铁锅炖大鹅！

整数连成串

1、2、3、4、5……这样表示物体个数的数就是自然数。一个物体也没有，用0表示，0也是自然数。所有的自然数都是整数。

以0为界限，整数可以分为三类。

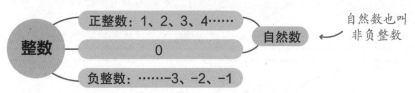

自然数也叫
非负整数

正整数：1、2、3、4……

整数 ⟶ 0 ⟶ 自然数

负整数：……-3、-2、-1

解题方法

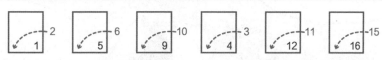

①通过分析，知道菜谱的页码是从1开始**连续不断**的**正整数**。

②认真思考，知道每张菜谱有正、反两面，同一页反面**偶数页**的页码比正面**奇数页**的页码**大1**。

③将菜谱的所有页码补充完整，找出缺失的数。

主题餐厅

老爸，今晚带我们去那家计算机主题餐厅吃饭吧！

那家餐厅出了名的贵，这个月我没多少预算了……

带我们去吧，我们保证不超支。

好吧……

主题餐厅

别光看了，赶紧找我预订的7号桌。

四处张望

奇怪，整个餐厅都没有7号桌。

而且所有桌位的号码中都只有0和1两个数字。

12

这是计算机主题餐厅，计算机用的是二进制。

啥是二进制？

二进制中只有0和1，计数的基数是2。我们习惯用的十进制是"逢十进一"，二进制就是"逢二进一"。

那能把二进制数转换成十进制数吗？

当然可以！我们先了解一下进制的概念。

在十进制数中，使用0、1、2、3、4、5、6、7、8、9十个数字，所以计数的基数是10。任何一个十进制非负整数 N，都可以写成各数位上的数字与10的 n 次方的乘积的和的形式。比如 $(9758)_{10}=9 \times 10^3 + 7 \times 10^2 + 5 \times 10^1 + 8 \times 10^0$。

在二进制数中，使用0和1两个数字，所以计数的基数是2。任何一个二进制数也像十进制数一样，可以写成各个数位上的数字与2的 n 次方的乘积的和的形式。

好像明白了，又好像没明白……

举个例子你们就懂了。比如二进制的110，从右起，第一位上的数字乘零次2，第二位上的数字乘一次2，第三位上的数字乘两次2，再加到一起。

$(110)_2 = 1 \times 2^2 + 1 \times 2^1 + 0 \times 2^0 = 6$

那就是十进制的6！

照这样计算，二进制的 111 就是……

就是十进制的 7！我们应该去 111 号桌。

$(111)_2 = 1 \times 2^2 + 1 \times 2^1 + 1 \times 2^0 = 7$

主题套餐每份 1000 元，换算成十进制也就 8 块钱而已！

好贵……

限量主题套餐

1000元

你悠着点，可别超支了……

放心吧，我的零花钱都够来几份的。

大快朵颐之后

结账！这顿饭我请了！

一共3000元。小朋友，菜单上标的价格都是十进制哟。

怎么不早说！我哪有这么多钱！

说好了这顿饭你请客哟，我先帮你垫付上，以后从你的零花钱中慢慢扣……

二进制

	十进制	二进制
区别	·逢十进一。 ·使用0、1、2、3、4、5、6、7、8、9十个数字。	·逢二进一。 ·使用0和1两个数字。

换算方法

十进制：写成各数位上的数字与 **10 的 n 次方**的乘积的和的形式。

千位（×1000）	百位（×100）	十位（×10）	个位（×1）
5	**3**	**8**	**4**

$$= 5 \times 10^3 + 3 \times 10^2 + 8 \times 10^1 + 4 \times 10^0 = 5384$$

二进制：写成各数位上的数字与 **2 的 n 次方**的乘积的和的形式。

1   0   0   1   0

$$= 1 \times 2^4 + 0 \times 2^3 + 0 \times 2^2 + 1 \times 2^1 + 0 \times 2^0 = 18$$

• 淘气的小数点 •

老爸，今天我过生日，您看……

明白！允许你任意挑一件玩具。

太好了，我早就看中一辆遥控车啦！

多少钱？

玩具区

32。

哦，还好。

后面还跟着4个0……

怎么会有这么贵的玩具？！

还要更多一点呢！

什么？

原来悠悠说的"多一点"，是多一个小数点。

3200.00

小数点的作用是隔开一个数的整数部分和小数部分。

¥3200.00 也就是三千二百元

老爸，能给我买这个吗？

有点超出预算了……

拜托了，老爸。

有了！你每做一次家务，我就奖励你 3.2 元零用钱，这样你就可以自己攒钱买了，怎么样？

回到家中

把 3.2 的小数点往右挪 3 位，变成 3200。

3.2 的 1000 倍是 3200

17

18

老爸，您只说了小时候的零花钱是我的十分之一，可没说那时的玩具价格只有现在的千分之一啊！

淘气的小数点

| 概念 | 把整数 1 平均分成 10 份、100 份、1000 份……这样的一份或是几份是十分之几、百分之几、千分之几……这些分数都可以表示成**小数**。整数部分和小数部分之间用**小数点**隔开。 |

整数部分　　　　　　小数点　　　　小数部分

1 2 3 0 . 4 5 6

千位　百位　十位　个位　　　十分位　百分位　千分位

换算方法

小数点向左移一位，数值变为原来的**十分之一**；小数点向右移一位，数值变为原来的**10 倍**。

小数点 左移两位	小数点 左移一位	原数	小数点 右移一位	小数点 右移两位
÷100	÷10	原数	×10	×100
0.03	0.30	3.00	30.0	300

降火的苦瓜

嘴里长泡，眼屎增多，你们俩都要清淡饮食了！

午餐时间

吃比萨喽。

爷爷万岁！

我亲手做的比萨，快尝尝吧！

好苦！

这是什么呀？

苦就对了，这是爷爷特制的苦瓜比萨！

这是我特制的超级苦瓜冰激凌，里面放了三根苦瓜榨成的汁，清热降火……快尝尝！

救命啊！我再也不想吃苦瓜了！

嘿嘿，还好我没赢。

分数比大小

分数

把单位"1"平均分成若干份，表示这样的 1 份或几份的数叫**分数**。

$$\frac{1}{8}$$
← 分子
← 分数线
← 分母

$\frac{1}{8}$ 是把单位"1"平均分成8份，表示其中1份的数。

比大小的方法

母同看子法	子同看母法	与1比较法
分母相同，分子越大，分数越大。	分子相同，分母越小，分数越大。	用1分别减去这两个分数，差大的分数小。（适用于分子比分母小的真分数）
$\frac{5}{8} > \frac{3}{8}$	$\frac{1}{8} > \frac{1}{9}$	比较 $\frac{8}{9}$ 和 $\frac{7}{8}$ 的大小可以用这个方法。

麦小乐除臭记

● 循环小数 ●

刚做的臭豆腐，快趁热吃，凉了就不臭了。

哇，闻着就好吃！

噗

你……你怎么在人家吃东西的时候放屁？还自称小仙女呢！

谁规定小仙女不能放屁了！而且这点味道在这个屋子里根本就不明显！

胡说！这屋子里的气味明明就很……

仔细一闻，气味确实不怎么样……

爷爷做的屁屁味
臭豆腐味
桌子上的蒜
爷爷的臭脚味

哥哥，你在看什么？

我要学习制作香薰蜡烛，改善一下爷爷家里的气味。

香薰蜡烛的制作

咦，这里怎么有两个黑点……

香薰蜡烛的制作

下面的红字这么丑，一看就是爸爸小时候写的……而且，他当时肯定在练习分数化小数。

要想知道黑点挡住的两个数是多少，只要把循环小数化回分数就行了……

香薰蜡烛的制作

玫瑰精油占 ▓ 　薰衣草精油占 ▓

化成小数 0.1̇2̇　　　　0.6̇

我只知道 0.6̇ 这样的纯循环小数化成分数是 $\frac{2}{3}$。但是 0.1̇2̇ 是个混循环小数，要怎么化成分数呢？

纯循环小数化分数，分母各位数字都是 9，9 的个数等于一个循环节的位数；分子由一个循环节的各位数字组成。所以 $0.\dot{6}=\frac{6}{9}=\frac{2}{3}$。

不然我们问问妈妈，她肯定知道。

好主意！

妈妈说，混循环小数化分数，分母由 9 和 0 组成。其中 9 的个数等于一个循环节的位数，0 的个数等于非循环部分的位数。

而分子是从小数点后的第一位到第一个循环节的末位组成的数减去没有循环节的部分。

让我想想。0.1̇2̇ 的循环部分是一位，就是 2，所以分母里有 1 个 9。不循环部分也是一位，就是 1，分母里有 1 个 0。所以分母是 90，分子是 12−1=11，$0.1\dot{2}=\frac{11}{90}$。

26

循环小数

概念

循环小数：一个小数从小数部分的某一位起，一个数字或几个数字依次不断地重复出现。

$$2.1\overset{\bullet}{3}\underset{\text{循环节}}{\overset{\bullet}{6}}$$

纯循环小数：从小数点后面第一位开始循环。

$$1.\dot{3} \qquad 3.\dot{1}\dot{4} \qquad 5.\dot{1}23\dot{4}$$

混循环小数：不是从小数点后面第一位开始循环。

$$1.1\dot{3} \qquad 3.0\dot{1}\dot{4} \qquad 5.1\dot{2}3\dot{4}$$

方法

纯循环小数化分数：分母各位数字都是9，9的个数等于一个循环节的位数；分子由一个循环节的各位数字组成。

混循环小数化分数：分母由9和0组成，9的个数等于一个循环节的位数，0的个数等于非循环部分的位数。分子是从小数点后的第一位到第一个循环节的末位组成的数减去没有循环节的部分。

循环节数字

$$0.\dot{6} = \frac{6}{9} = \frac{2}{3}$$

1个循环节，1个9

小数点后部分 没有循环节部分

$$0.1\dot{2} = \frac{12-1}{90} = \frac{11}{90}$$

循环节有1位，1个9　　非循环节有1位，1个0

爷爷失踪疑案

· 奇数与偶数 ·

地上怎么还有血迹？爷爷不会有危险吧？

应该不会，我记得爷爷出门之前都会关灯的，从无例外。而现在灯是关着的，那就说明爷爷是自己出门了。

咦，怎么不亮呢？

拉动

让我来试试。

拉动

难道这个灯坏掉了？

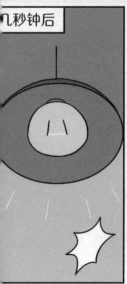

几秒钟后

咦，灯突然亮了！

原来不是灯坏了，是刚刚停电了。

这下糟了，不知道爷爷是不是主动关的灯了！

你们看，现在的灯是开着的。

我刚刚还拉了很多次开关绳呢。

我也是。

如果我们刚才拉了偶数次的开关绳，那灯的状态不变，原来就是开着的；如果刚才拉了奇数次的开关绳，那就说明灯原来就是关着的。

谁还记得我们刚才拉了几次开关绳啊？

我拉了 13 下，哥哥拉了 17 下。

13 和 17 都是奇数，说明之前灯是关着的！也就是说爷爷是没有危险的！

不对！

不是这样的，13 是奇数，17 也是奇数，但是奇数加奇数就是偶数了。这说明之前灯是开着的。

那爷爷究竟去哪儿了呀？

你们听，什么声音？

站住，你别跑！

奇数 + 奇数 = 偶数

奇数与偶数

概念	・能被2整除的数。 ・个位上是0、2、4、6、8。 ・也叫双数。	整数 偶数　奇数	・不能被2整除的数。 ・个位上是1、3、5、7、9。 ・也叫单数。

判断

通过观察加数是奇数还是偶数，可以判断结果是奇数还是偶数。

・**奇数 + 奇数 = 偶数**　・**偶数 + 偶数 = 偶数**　・**奇数 + 偶数 = 奇数**

应用

灯有两种状态——开和关，正好对应奇数和偶数。拉偶数次开关绳，灯的状态不变；拉奇数次开关绳，灯的状态改变。

原来	拉1下	拉2下	拉3下	拉4下	……	拉30下
开	关	开	关	开	……	开

· 质数 ·

老爸忘性大，所以经常会写点提示。

有道理，这肯定能成为解开密码的关键线索。

这里有一行小字："和是100"。

和是100

这里写着"都是质数"，肯定也是线索。可是，质数是啥呀？

问老爸不就知道了。

老爸，什么是质数呀？

质数就是除了1和它本身不再有别的因数的数。

老爸，那哪三个质数的和可以是100呢？

这三个数里肯定得有2。因为除了2以外，其他质数都是奇数，三个奇数相加不可能得100。

那另外两个数可以是啥呢？

我来列一份质数表吧。

瞧，100以内的质数全在上面了。总和是100，其中一个加数是2，另外两个加数的和肯定是98。

我知道啦，另外两个数的组合可能是61+37、67+31或19+79。

那我们只要试3次，就能破解密码啦！

原来只是些豆子呀。

打开

老爸费心收藏的东西肯定是宝贝，说不定是小金豆呢，让我试试。

啊，真的只是些普通的豆子。

咬

放回去吧。

就一把破豆子而已，放久了就馊了，还是扔了吧。

老爸，您拿颗豆子干吗？

我忘性大，所以小乐表现好一次，就给他攒一颗豆子，年底一数就知道该发个多大的红包了。

啊——我的压岁钱啊！

质数

	质数	合数
概念	·只有1和它本身两个因数。 ·质数也叫素数。 ·最小的质数是2。 **2**← 因数只有 1和2 　　**3**← 因数只有 1和3	·除了1和它本身，还有别的因数。 ·最小的合数是4。 **4**← 因数有1、 2、4 　　**6**← 因数有1、 2、3、6

判断方法

100 以内的质数：

2、3、5、7、11、13、17、19、23、29、31、37、41、43、47、53、59、61、67、71、73、79、83、89、97，共计 **25 个**。

特殊的偶质数 2：

质数中除了 2 以外，其他的都是奇数。质数 2 是唯一的**偶质数**。

例外的数：

0 和 1 既不是质数，也不是合数。

• 最大公因数与最小公倍数 •

我已经连吃了一个暑假，都要反胃了。

怎么这副表情，你不是很爱吃雪糕吗？

那怎么还吃呢？

悠悠的手工大赛要用雪糕棍做模型，我这是帮她筹备材料呢。

现在开工，这是我攒下的雪糕棍，哥哥你的呢？

这是什么情况？正常的雪糕棍都是 12 厘米长呀。

啊，我吃的是超大号雪糕，雪糕棍 18 厘米长。

不一样长

先把这两把雪糕棍都截成相等长度的小棍做地板吧，不能有剩余，每根小棍尽可能长一点。

12 厘米和 18 厘米……截成多长合适呢？

这就要求 12 和 18 的最大公因数了，可以运用短除法。

短除法？

我们可以先用 12 和 18 的最小公共质因数来除它们，直到得到两个互质的商，也就是 2 和 3；

再把除数 2 和 3 相乘，就得到最大公因数了。

$(12，18)=2×3=6$

噢！明白了！我们快动手做吧。

我用长雪糕棍搭左边的墙，你用短雪糕棍搭右边的墙，一起开工！

两边的墙得一样高，还要尽量节约材料，做多高才合适呢？

铺好的地板

这就要求 12 和 18 的最小公倍数了，可以先用短除法算出商，就是 2 和 3；

再把所有的除数和商乘起来，就是 2×3×2×3，这样就行了。

[12,18]=2 × 3 × 2 × 3=36

大功告成，可以去参赛喽。

几天后

我的作品获奖啦！

真棒！

我也有功劳，为了帮你攒材料，雪糕都快吃吐了。

哥哥辛苦了，奖品都给你。

让我瞧瞧是什么好东西。

最大公因数与最小公倍数

如果一个自然数 a 能被自然数 b 整除，那么称 a 为 b 的**倍数**，b 为 a 的**因数**。注意：为了方便，在研究因数和倍数的时候，我们所说的自然数一般不包括 0。

概念

・如果一个自然数同时是若干个自然数的因数，那么称这个自然数是这若干个自然数的**公因数**。
・在所有公因数中最大的一个，称为**最大公因数**。

最大公因数 ↔ 最小公倍数

・如果一个自然数同时是若干个自然数的倍数，那么称这个自然数是这若干个自然数的**公倍数**。
・在所有公倍数中最小的一个，称为**最小公倍数**。

短除法

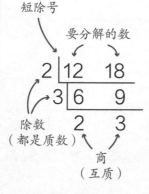

短除号
要分解的数
除数（都是质数）
商（互质）

把所有的除数连乘起来，所得的积就是最大公因数。

$(12，18)=2 \times 3=6$

把所有的除数和商连乘起来，所得的积就是最小公倍数。

$[12，18]=2 \times 3 \times 2 \times 3=36$

·完全平方数·

看什么棋谱呀，我可是五子棋高手，来，让我陪你下一盘。

五子棋棋谱

可是家里没有棋呀。

这好办，我来画一个棋盘。

老爸的零钱袋里有许多一元硬币，正好可以用来当棋子。

你不是号称高手吗？

别急，我的实力还没发挥出来呢。

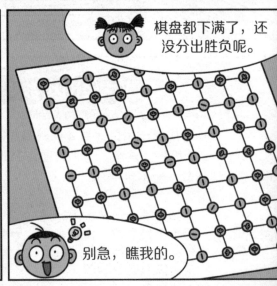

棋盘都下满了，还没分出胜负呢。

别急，瞧我的。

我来扩充一下棋盘，继续下。

别画了，"棋子"也正好用完了。

你俩先别玩了，家里纸巾用完了，你俩去帮我买些纸巾吧，就用零钱袋里的那些钱。

40

当然没有！老爸，您都不知道总共有多少钱，凭啥说我们偷拿钱了？

我虽然不知道钱数，但我记得你们用硬币正好铺满了正方形的棋盘，说明硬币的总数是个完全平方数。

纸巾5元一包，完全平方数除以5，要么整除，要么余1或者余4，不可能余2。

好吧老爸，我承认，我们确实偷偷拿钱买了零食吃。

这就是知识的力量！麦小乐，你还有什么想说的？

唉，我真后悔……

注：偷拿钱和说谎都是不好的行为，
小朋友们不要效仿哟。

完全平方数

概念

若一个数能表示成某个整数的平方的形式，则称这个数为**完全平方数**。例如：

1、4、9、16、25……

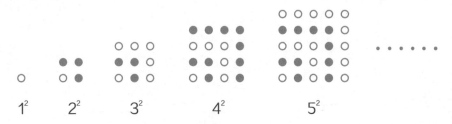

1^2　2^2　3^2　4^2　5^2

性质

完全平方数的末位数字只能是 0、1、4、5、6、9，不可能是 2、3、7、8。

在漫画中，要用完全平方数除以 5。个位上是 0、1、4、5、6、9 的数除以 5 之后，余数只可能为 0、1、4。

图书在版编目（CIP）数据

数学超有趣. 第1册,有趣的数字 / 老渔著. — 广
州：新世纪出版社,2023.11
ISBN 978-7-5583-3969-1

Ⅰ.①数… Ⅱ.①老… Ⅲ.①数学－少儿读物 Ⅳ.
①O1-49

中国国家版本馆CIP数据核字（2023）第180021号

出　版　人：陈少波
责任编辑：刘　璇
责任校对：杨涵丽
责任技编：王　维
装帧设计：袁　芳

数学超有趣

SHUXUE CHAO YOUQU

老渔 著

出版发行：SPM 南方传媒 新世纪出版社（广州市越秀区大沙头四马路12号2号楼）
经销：全国新华书店
印刷：北京世纪恒宇印刷有限公司
开本：710 mm×1000 mm 1/16
印张：27.5
字数：350 千
版次：2023 年 11 月第 1 版
印次：2023 年 11 月第 1 次印刷
定价：169.00 元（全10册）